BEI GRIN MACHT SICH IHR WISSEN BEZAHLT

- Wir veröffentlichen Ihre Hausarbeit,
  Bachelor- und Masterarbeit

- Ihr eigenes eBook und Buch -
  weltweit in allen wichtigen Shops

- Verdienen Sie an jedem Verkauf

Jetzt bei www.GRIN.com hochladen
und kostenlos publizieren

Mirko Krotzky

Mendel-Genetik. Regeln 1 und 2

Die Anwendung der Kreuzungsregeln des dominant-rezessiven Erbgangs und dessen Übertragbarkeit von pflanzlichen auf tierische Organismen

GRIN Verlag

Bibliografische Information der Deutschen Nationalbibliothek:

Die Deutsche Bibliothek verzeichnet diese Publikation in der Deutschen National-
bibliografie; detaillierte bibliografische Daten sind im Internet über http://dnb.d-
nb.de/ abrufbar.

Impressum:

Copyright © 2015 GRIN Verlag GmbH
Druck und Bindung: Books on Demand GmbH, Norderstedt Germany
ISBN: 978-3-656-94216-0

Dieses Buch bei GRIN:

http://www.grin.com/de/e-book/295548/mendel-genetik-regeln-1-und-2

GRIN - Your knowledge has value

Der GRIN Verlag publiziert seit 1998 wissenschaftliche Arbeiten von Studenten, Hochschullehrern und anderen Akademikern als eBook und gedrucktes Buch. Die Verlagswebsite www.grin.com ist die ideale Plattform zur Veröffentlichung von Hausarbeiten, Abschlussarbeiten, wissenschaftlichen Aufsätzen, Dissertationen und Fachbüchern.

Besuchen Sie uns im Internet:

http://www.grin.com/

http://www.facebook.com/grincom

http://www.twitter.com/grin_com

Gesamtschule

Schriftliche Unterrichtsplanung
im Fach Biologie in der Sekundarstufe I
im Rahmen des Oberstudienratsbesetzungsverfahrens

Name:	Mirko Krotzky
Schule:	Gesamtschule
Fach:	Biologie
Datum:	XX.XX.XXXX
Zeit:	08:35 Uhr – 09:20 Uhr
Klasse:	Realschule 9
Raum:	NTW

1. Thema der Unterrichtseinheit

Gene und Vererbung: Ein Mönch entdeckt die Zusammenhänge – Vom Speicherort unserer Gene über die Mitose und Meiose bis hin zur Entdeckung von Vererbungsregeln sowie deren Anwendbarkeit auf den Menschen mit Hilfe von Stammbaumanalysen.

2. Sachanalyse und Einordnung der Stunde in die Unterrichtsreihe

Die zugrundeliegende Reihenplanung basiert auf dem neuen hessischen Kerncurriculum für das Fach Biologie als verbindliche Grundlage für den Unterricht an hessischen Schulen in der Sekundarstufe I; dort heißt es: „Fortpflanzungs- und Entwicklungsvorgänge werden bei verschiedenen Organismen betrachtet. Fortpflanzung und Vermehrung der Organismen sind eng mit Erblichkeit verbunden. Die Ausprägung von Merkmalen wird auf Grundlagen der klassischen Genetik ersichtlich. Zellteilungsprozesse und Keimzellenbildung werden zur Erklärung von Wachstum und Fortpflanzung herangezogen. Mitose und Meiose beschreiben die Vorgänge auf zellulärer Ebene. Die Veränderung der genetischen Information dient der Erklärung der Vielfalt der Organismen."[1]

Die vorliegende Unterrichtsreihe „Gene und Vererbung" umfasst, ausgehend von der grundlegenden Frage, was eigentlich unter Vererbung zu verstehen ist, die Bereiche der Meiose (Bildung von Geschlechtszellen) und Mitose (Vermehrung der Körperzellen), die Ausprägung von Merkmalen durch ihnen zugrunde liegende Gene, die Erarbeitung von klassischen Vererbungsregeln und deren Anwendbarkeit auf den Menschen mit Hilfe der Methode der Stammbaumanalyse sowie die Veränderlichkeit von Merkmalen, Fehler bei der Chromosomenverteilung und genetische Krankheiten bzw. Erbkrankheiten. Einen tagesaktuellen und alltagsnahen Abschluss erfährt die Reihe über den Einblick in verschiedene Formen und Möglichkeiten der Gentechnik, wobei insbesondere deren Verständnis und ethische Beurteilung unterrichtlich relevant sind.

Basierend auf der zentralen Frage, was genau eigentlich unter „Vererbung" zu verstehen ist, wurden wiederholend der grundlegende Zellaufbau und die Rolle des Zellkerns als wichtigstes Zellorganell und Speicherort unserer Erbinformation behandelt. Die Erbinformation liegt in ihrer Arbeitsform als Chromatin im Zellkern vor, wobei im akuten Fall der Zellteilung, der sogenannten Mitose, eine Verdichtung des Chromatins und eine Formierung in Chromosomen zu erkennen sind. Als ein besonderer, der Mitose verwandter Vorgang ist die Meiose zu begreifen, in deren Verlauf die Bildung der Geschlechtszellen erfolgt. Das Verstehen dieser Vorgänge bildet die Grundvoraussetzung für das Verständnis der von MENDEL durchgeführten Kreuzungsversuche und der formulierten Vererbungsregeln.

In der Vorstunde wurden mit den SuS experimentelle Vorgehensweisen von MENDEL und die Verfahrenstechnik zur Erlangung von reinerbigen Erbsenpflanzen erarbeitet. Im Anschluss wurde gemeinsam mit den SuS ein erster Kreuzungsversuch mit Hilfe einer von mir erstellten animierten PowerPoint-Präsentation durchgeführt, wobei einhergehend die Begrifflichkeiten der Paren-

---

[1] HESSISCHES KULTUSMINISTERIUM 2011, S. 31.

tal- und Filialgeneration definiert wurden. Am Beispiel der bekannten Kreuzungsversuche von Erbsenpflanzen mit reinerbig gelben und reinerbig grünen Samen wurde die 1. MENDEL'sche Regel (Uniformitätsregel) zum dominant-rezessiven Erbgang abgeleitet.

Die SuS werden zunächst über einen Rückgriff auf den ersten Kreuzungsversuch und eine kurze Wiederholung der ablaufenden Vorgänge durch eine/n Mitschüler/in mit einem weiterführenden Kreuzungsversuch konfrontiert, zu dem sie eine Problemfrage und darauf folgend sinnvolle Hypothesen entwickeln sollen. Die Überprüfung der Hypothesen erfolgt durch die SuS selbst, indem sie die ihnen bekannten Kreuzungstechniken anwenden und somit zu einem entsprechenden Kreuzungsergebnis kommen können. Mit Hilfe dieses Ergebnisses werden die Hypothesen verifiziert bzw. falsifiziert, soweit das durchgeführte Kreuzungsexperiment jeweils eine Aussage darüber zulässt.

Die neu erworbenen Kenntnisse sollen nun in Kombination mit dem bereits erworbenen Wissen aus der Vorstunde auf eine neue Kreuzung angewendet werden, wobei neben der Anwendung der erlernten Kreuzungstechniken eine mögliche Übertragbarkeit der Vererbungsregeln von pflanzlichen auf tierische Organismen verdeutlicht wird.

In der Hausaufgabe werden grundlegende Fachbegriffe am tierischen Kreuzungsversuch angewendet und sowohl im Verständnis als auch im Sprachgebrauch durch schriftliche Ausformulierung gefestigt. Letztendlich wird die 2. MENDEL'sche Regel (Spaltungsregel) durch die SuS recherchiert und am Versuch angebunden.

Die der Unterrichtseinheit zugrundeliegenden Lerninhalte gliedern sich in folgende Einzelstunden:

1. Stunde   *Was ist eigentlich Vererbung? Vererbungstheorien und Merkmale* – Der Einstieg in die Vererbungslehre erfolgt über die Reflexion historischer Vererbungstheorien, die die SuS aufgrund ihres Wissens aus der vorangegangenen Unterrichtsreihe „Sexualität des Menschen II" kritisch mit ihrem heutigen Kenntnisstand beurteilen können. Daran anknüpfend wird die Verbindung zu Erbanlagen hergestellt, die wiederum für die Ausprägung bestimmter Merkmale verantwortlich zeichnen.

2. Stunde   *Ohne mich läuft nichts! Der Zellkern als Steuerungszentrale der Zelle* – Über einen Versuch zur Kerntransplantation beim Krallenfrosch wird die essentielle Funktion des Zellkerns für die lebende Zelle deutlich; gleichzeitig wird seine Aufgabe als Depot der Erbinformation und Steuerungszentrale der gesamten Zelle deutlich. Wiederholend wird hierbei auf das Vorwissen der SuS aus der Zellbiologie der 7. Jahrgangsstufe zurückgegriffen.

3. Stunde   *Gute Organisation ist alles! Zustandsformen der Erbinformation in der Zelle* – Mit zunehmenden technischen Möglichkeiten wurden auch Mikroskope in ihrem Auflösungsvermögen kontinuierlich verbessert, was im Zusammenspiel mit der Färbetechnik Ende des 19. Jh. zur Entdeckung des Chromatins und der

Chromosomen führte. Diese für jede Art von Lebewesen spezifischen Chromo-
somensätze lassen sich in geordneter Form als Karyogramm darstellen. Ein sol-
ches erstellen die SuS selbst, indem sie ungeordnete menschliche Chromosomen zunächst paarweise nach Größe sortieren und in eine geeignete, durch-
nummerierte Form bringen. Gleichzeitig wird die besondere Rolle der Ge-
schlechtschromosomen offenkundig.

4. Stunde   *Ein jeder bekommt sein vollständiges Erbgut: Sinn und Nutzen der Mitose* – Von
der Notwendigkeit der ständigen Zellteilung im lebenden Organismus, die die
SuS vom Beispiel einer sich verschließenden Schürfwunde ableiten, ergibt sich
zwangsläufig die Frage, wieso das im Zellkern vorliegende Erbgut nicht von Teilung zu Teilung halbiert wird und somit immer weniger werden würde. Diesen
Umstand klären die SuS in gruppenteiliger Arbeit in Form eines Gruppenpuzzles,
wofür sich der Vorgang der Mitose wegen seiner Unterteilung in fünf grundlegende Phasen besonders gut eignet.

5. Stunde   *Eizelle + Spermium = Befruchtung: Bildung von Geschlechtszellen in der Meiose* –
Die Bildung von Geschlechtszellen vollbringt der Körper nicht durch einfache
Zellteilung, weil sich hier durch die Befruchtung das Erbmaterial innerhalb der
befruchteten Eizelle (Zygote) von Generation zu Generation verdoppeln würde.
Über diese Problematisierung wird die Meiose als komplexere Form der Mitose
unter besonderer Berücksichtigung der Unterschiede zwischen beiden Vorgän-
gen mit vergleichenden Abbildungen veranschaulicht, die die SuS in eine dafür
geeignete Form bringen.

7. Stunde   *Ein Mönch entdeckt die Regeln der Vererbung: Merkmale, Merkmalsformen und
Kreuzungstechniken* – Über eine einleitende fiktive Kurzgeschichte zur experi-
mentellen Vorgehensweisen von MENDEL wird die Verfahrenstechnik zur Erlangung von reinerbigen Erbsenpflanzen erarbeitet. Ein erster Kreuzungsversuch
wird mit Hilfe einer animierten PowerPoint-Präsentation durchgeführt, wobei
einhergehend die Begrifflichkeiten der Parental- und Filialgeneration definiert
werden. Am Beispiel dieses Kreuzungsversuchs von Erbsenpflanzen mit reinerbig gelben und reinerbig grünen Samen wird die 1. MENDEL'sche Regel (Uniformitätsregel) zum dominant-rezessiven Erbgang abgeleitet.

8. Stunde   **Erbsen kreuzen ist nicht alles! Die Anwendung der Kreuzungsregeln des dominant-rezessiven Erbgangs und dessen Übertragbarkeit von pflanzlichen auf tierische Organismen** – Über eine Weiterführung des Kreuzungsversuchs aus der
Vorstunde wenden die SuS die ihnen bekannten Kreuzungstechniken an und
kommen somit zu einem entsprechenden Kreuzungsergebnis, an dem die 2.
MENDEL'sche Regel (Spaltungsregel) verortet wird. Die erlangten Kenntnisse
sollen nun in Kombination mit dem bereits erworbenen Wissen aus der Vorstunde auf eine neue Kreuzung angewendet werden, wobei neben der Anwendung der erlernten Kreuzungstechniken eine mögliche Übertragbarkeit
der Vererbungsregeln von pflanzlichen auf tierische Organismen verdeutlicht
wird.

9. Stunde	*Die Mischung macht's: Der intermediäre Erbgang als ein Sonderfall* – Da die SuS bislang nur mit dem dominant-rezessiven Erbgang vertraut sind, wird mit dem Organismus der Wunderblume bewusst eine Irritation geschaffen, die die SuS selbstständig auflösen und erklären sollen. Die Besonderheit liegt in der gleichmäßigen Ausprägung beider Merkmalsformen bei mischerbigen Individuen, sprich: rote Blüte X weiße Blüte = rosa Blüte.
10. Stunde	*Aus gelb-rund und grün-runzlig mach gelb-runzlig und grün-rund: Die Entstehung neuer Erbsensorten* – Durch die Erweiterung der zu vererbenden Merkmale von lediglich einem Merkmal auf nun zwei Merkmale ergeben sich in der 2. Tochtergeneration neue Erbsensorten, die durch die Neukombination von Merkmalsformen erstmalig auftreten. Hier wird das Kreuzungsquadrat als Vereinfachung und übersichtlichere Darstellung von Kreuzungsversuchen eingeführt und nach dem erfolgten Kreuzungsverfahren die 3. MENDEL'sche Regel formuliert. Als lebensnahe Anwendungsaufgabe bekommen die SuS den Auftrag, einen entsprechenden Kreuzungsversuch mit zwei verschiedenen Rinderrassen durchzuführen.
11. Stunde	*Und wer in deiner Familie kann das noch? Vererbungsregeln bei der Stammbaumanalyse nutzen* – Mit Hilfe der Vererbungsregeln können nun mit den SuS Stammbaumanalysen durchgeführt werden, die recht vielfältig ausfallen können. Es werden sowohl Krankheitsbilder in ihrem Erbgang erschlossen wie auch anatomische Besonderheiten und Fähigkeiten mit Stammbäumen erklärt. Prominente Beispiele sind Bluterkrankheit, Zungenrollen und Kurzfingrigkeit. Da die SuS erfahrungsgemäß viel Spaß an der Stammbaumanalyse entwickeln, können hier situativ evtl. auch zwei Stunden für diese verwendet werden.
12.+13. Stunde	*Das genetische Experimentierlabor: Gentechnik in unserer heutigen Zeit* – In arbeitsteiligen Kleingruppen entwickeln die SuS verschiedene Kurzpräsentationen zu aktuellen Themen, so bspw. Gentechnik, Zusammenwirken von Genen und Umwelt, Mutationen, Laborzüchtungen, Kombinations- und Hybridzüchtungen, Klonen, Erbgutveränderungen, ethische Probleme u. ä., die sie zum Abschluss der Unterrichtsreihe in der Klasse vorstellen. Hier sind zudem auch vertiefend traditionelle Themen der Humangenetik denkbar, so z. B. eineiige und zweieiige Zwillinge.

3. Thema der Unterrichtsstunde

Erbsen kreuzen ist nicht alles! Die Anwendung der Kreuzungsregeln des dominant-rezessiven Erbgangs und dessen Übertragbarkeit von pflanzlichen auf tierische Organismen

4. Ziele der Unterrichtsstunde

Übergeordnetes Stundenziel:
Die SuS sollen die Kreuzungsregeln des dominant-rezessiven Erbgangs anhand zweier Erbsensorten in einem weiterführenden Kreuzungsschema anwenden und erläutern sowie die daran erworbenen Kenntnisse in Kombination mit ihrem erlangten Vorwissen auf einen tierischen Erbgang übertragen.

Teilziele: Die SuS sollen...

- den ihnen bekannten ersten Teil des Erbgangs auf Grundlage der PowerPoint-Folie mit eingeführtem Fachvokabular erläutern.
- auf der Basis ihrer Erläuterungen und dem weiterführenden Kreuzungsexperiment eine sinnvolle Fragestellung für den weiteren Stundenverlauf entwickeln.
- bezogen auf die Fragestellung nachvollziehbare und sinnvolle Hypothesen bilden.
- die ihnen bekannten Kreuzungstechniken in der Weiterführung des Erbgangs anwenden.
- ihre Ausarbeitungen im Unterrichtsgespräch im Sinne der Präsentation vorstellen.
- erworbene Grundlagenkenntnisse zum dominant-rezessiven Erbgang der Erbse auf einen entsprechenden Erbgang des Kaninchens übertragen.
- ihre Erarbeitungen in Kleingruppen auf Richtigkeit überprüfen, auf Folie übertragen und die Ergebnisse der Klasse vortragen.
- als gestellte Hausaufgabe die Begriffe „Phänotyp" und „Genotyp" im Kreuzungsversuch des Kaninchens verorten und mit Hilfe von Fachlektüre bzw. Internetrecherche definieren.
- als weitergehenden Teil der Hausaufgabe die 2. MENDEL'sche Regel recherchieren und diese auf Grundlage des Kaninchenversuchs schriftlich nachvollziehen.

5. Kompetenzbezüge der Lernziele

Kompetenzbezüge der Lernziele[2] können in folgenden Punkten gesehen werden:
Im Bereich der *Erkenntnisgewinnung* arbeiten die SuS mit Kreuzungsschemata, beschreiben die verschiedenen Stadien der Erbgänge, interpretieren eine weitergehende Kreuzung der F_1-Generation und werten ihre Erarbeitungen in der Klasse aus.
Als Akte der *Kommunikation* interpretieren die SuS idealtypische Bilder, verwenden sowohl Fach- als auch Symbolsprache, kommunizieren im Partnergespräch und der Klassengemeinschaft über biologische Vorgänge und Sachverhalte, dokumentieren und präsentieren ihre Ergebnisse und arbeiten in der gestellten Hausaufgabe mit geeigneten Quellen.
Im Rahmen der *Bewertung* beurteilen sie ihnen bekannte Erscheinungsformen aus dem Alltag mit naturwissenschaftlichen Kenntnissen und führen diese auf allgemein gültige Gesetzmäßigkeiten zurück.

---

[2] HESSISCHES KULTUSMINISTERIUM 2011, S. 24-27.

6. Bedingungsanalyse

Seit Beginn des Schuljahres 2014/2015 unterrichte ich die Klasse R9 an der Gesamtschule in den Fächern Deutsch und Biologie. Die Klasse setzt sich aus insgesamt 27 Schülerinnen und Schülern zusammen, davon 13 Mädchen und 14 Jungen, was eine vergleichsweise größere Klassengemeinschaft darstellt.

Die Wochenstundenzahl des Biologieunterrichts im Realschulzweig beträgt zwei Wochenstunden, wobei die Stunden als Einzelstunden im Plan gesteckt sind. Die Einzelstunden bieten den Vorteil einer über die Woche betrachteten kontinuierlicheren Arbeit in Biologie sowie das zeitnahe Besprechen und Einbinden gestellter Hausaufgaben, wohingegen Doppelstunden ein größeres Zeitpensum einräumen, was bei der Durchführung von praktischen Arbeiten, insbesondere Schülerversuchen und -experimenten, einen spürbaren Vorteil bedeutet. Der Biologieunterricht findet im Realschulzweig in den Jahrgängen 7 und 9 durchgehend statt und nicht, wie im Gymnasialzweig der Fall, epochal im halbjährlichen Turnus.

In der Klasse herrscht meist ein angenehmes Arbeitsklima, situativ kann dies allerdings durch vereinzelte SuS gestört werden, was ein autoritäres Auftreten der Lehrkraft erforderlich werden lässt. Vor allem in kooperativen Arbeitsformen werden Arbeitsprozesse immer wieder von besagten Schülern in ihrem Fortschritt behindert, was auch den Missmut der übrigen SuS diesbezüglich schürt. Die Klasse weist im Lern- und Leistungsstand ein solides und breites Mittelfeld auf, wobei die Zuverlässigkeit bei der Erledigung gestellter Hausaufgaben noch verbesserungswürdig erscheint. Durch kooperative Arbeitsphasen und die Möglichkeit zu übergreifender Zusammenarbeit an den nahestehenden Tischelementen bietet vor allem der Biologieunterricht Gelegenheit für ein konzentrierteres Arbeiten in diesen Kleingruppen, wodurch Verständnisprobleme und Lernschwierigkeiten erfahrungsgemäß gut abfedern lassen.

Als besonders fleißige und arbeitsame SuS fallen im Biologieunterricht XYZ, XYZ, XYZ und XYZ auf; auf der Seite der schwächeren Schüler sind XYZ, XYZ, XYZ und XYZ zu nennen, die in Arbeitsphasen einer größeren Aufmerksamkeit der Lehrkraft bedürfen.

XYZ ist seit Beginn des zweiten Halbjahres Teil der Klassengemeinschaft, wobei er immer wieder durch vorlaute Äußerungen und unangebrachte Kommentare auf sich aufmerksam macht. In Gesprächen mit anderen in der Klasse unterrichtenden Kolleginnen und Kollegen wurde mir gegenüber allerdings deutlich, dass dies ein Problem allgemeiner Art darstellt.

XYZ ist in punkto Arbeitsverhalten eine besonders auffällige Schülerin, da sie sich im laufenden Unterricht mündlich oftmals aktiv und gewinnbringend beteiligt, allerdings in häuslicher Vor- und Nachbereitung keinerlei Arbeitswillen zeigt und diese ebenso chronisch vernachlässigt wie erforderliche Unterlagen und mitzubringendes Arbeitsmaterial.

Abschließend ist zu bemerken, dass das soziale Miteinander in der Klasse teils merklichen Schwankungen ausgesetzt war und zum Teil immer noch ist, wobei bereits kleinere Vorfälle zu einer missmutigen Einstellung einiger SuS führen können. Jedoch möchte ich betonen, dass ich seit Beginn meiner unterrichtlichen Tätigkeit in der Klasse mit den SuS einen sehr angenehmen, vertrauensvollen und offenen Umgang pflege, weshalb auch die genannten Probleme weder für mich noch für meinen Unterricht keine größere Tragweite oder Nachhaltigkeit besitzen.

7. Hausaufgabe

a) Hausaufgaben zur Stunde:

Da in der Vorstunde mit dem Einstieg in die MENDEL'schen Vererbungsregeln ein neuer thematischer Abschnitt der Unterrichtsreihe begonnen wurde, wurde den SuS als Aufgabe gestellt, die historischen Hintergründe zu MENDEL sowie schwerpunktmäßig sowohl die erlernten Kreuzungstechniken und -bedingungen als auch die neu eingeführten Fachbegriffe samt deren Bedeutung zu wiederholen, um gut auf den geplanten wiederholenden Einstieg in die vorliegende Unterrichtsstunde vorbereitet zu sein.

b) Hausaufgaben zur nächsten Stunde:

Die SuS erhalten bereits in der Unterrichtsstunde ein Arbeitsblatt mit einer grafischen, zusammenfassenden Anwendungsaufgabe zu den bislang erarbeiteten Kreuzungstechniken und Vererbungsregeln. Anhand der gesicherten Erarbeitungen aus der Unterrichtsstunde sollen sie mit Hilfe von Nachschlagewerken/Fachlektüre[3] und/oder Internetrecherche die Begriffe „Phänotyp" und „Genotyp" vertiefend am dominant-rezessiven Erbgang zur Fellfarbe des Kaninchens verorten und in einer textuellen Ausarbeitung erläutern. Zudem sollen die SuS, anknüpfend an die Formulierung der 1. MENDEL'schen Regel aus der Vorstunde, die 2. MENDEL'sche Regel recherchieren und diese auf Grundlage des Kaninchenversuchs schriftlich nachvollziehen.

---

[3] SPÖRHASE-EICHMANN 2009, S. 132 f.

8. Geplanter Unterrichtsverlauf (45 Minuten)

Thema der Stunde:
Erbsen kreuzen ist nicht alles! Die Anwendung der Kreuzungsregeln des domi-nant-rezessiven Erbgangs und dessen Übertragbarkeit von pflanzlichen auf tierische Organismen

Schwerpunktziel der Stunde:
Die SuS sollen die Kreuzungsregeln des dominant-rezessiven Erbgangs anhand zweier Erbsensorten in einem wei-terführenden Kreuzungsschema anwenden und erläutern sowie die daran erworbenen Kenntnisse in Kombination mit ihrem erlangten Vorwissen auf einen tierischen Erbgang übertragen.

Phasen	Inhaltliche Schwerpunkte	SF / Methoden	Medien
Einstieg	Als Einstiegsimpuls wird eine Folie mit dem ersten Kreuzungsversuch zweier Erbsensorten von MENDEL gezeigt, worauf die Vor-gehensweise und der Verlauf dieses Experiments dargestellt sind. Der Versuch ist den SuS aus der Vorstunde bekannt, hier wurde die Folie am Stundenende als Sicherung der Erarbeitung eingesetzt. Die Versuchsdurchführung und das Ergebnis werden zwecks Reaktivierung des nötigen Vorwissens wiederholt; anschließend Fortsetzung des Versuchs in Form eines weiterführen-den Kreuzungsansatzes. → Hinführung zur zentralen Fragestellung der Stunde *Antizipierte Schüleräußerungen: Welche Farben ergeben sich bei den Erbsen der F_2-Generation (2. Tochtergeneration)? Wie sehen die Erbsen aus, die sich aus der weitergehenden Kreuzung ergeben? Was kann man über das Aussehen der nächsten Tochtergeneration vermuten? usw.*	PL (UG)	Beamer PowerPoint
Problemfrage	Herausstellung der zentralen Frage der heutigen Stunde (→ Aussehen der Erbsen der F_2-Generation) und Sammlung von prob-lembezogenen Hypothesen.		Tafel
Hypothesen-bildung	→ Aktivierung des Vorwissens zu den bereits bekannten Regeln des dominant-rezessiven Erbgangs *Antizipierte Schüleräußerungen: Die Erbsen sehen in der F_2-Generation sowohl gelb als auch grün aus. In der F_2-Generation gibt es wieder nur gelbe Erbsen. Es existieren in der F_2-Generation nur noch grüne Erbsen. Es treten beide Farben in unterschiedlichem Zahlenverhältnis auf. usw.*		Tafel
Erarbeitung I	Formulierung des Arbeitsauftrags und Erinnerung an die erarbeiteten Kreuzungsregeln der Vorstunde Hinweis auf die Regeln naturwissenschaftlichen Zeichnens und Beachtung aller notwendigen Feinheiten/Details → SuS erarbeiten den weiterführenden Kreuzungsverlauf bis hin zur F_2-Generation.	PL (LV/UG) EA/PA	Beamer PowerPoint
Zwischen-sicherung	Die SuS präsentieren schrittweise ihre Erarbeitungen zum Kreuzungsversuch. Begleitend dazu werden die Ergebnisse mit Hilfe der animierten PowerPoint-Präsentation über Beamer gesichert. → Ggf. werden durch das Plenum Rückfragen gestellt oder Berichtigungen / Ergänzungen eingebracht.	PL (UG)	
Hypothesen-prüfung	→ Auf Grundlage der kollektiven Beiträge und des gesicherten Kreuzungsergebnisses erfolgt ein Rückbezug auf die eingangs aufgestellten Hypothesen und daran anknüpfend deren Verifizierung bzw. Falsifizierung (soweit möglich).		Tafel
Erarbeitung II	Anwendung und Transfer der erworbenen Kenntnisse auf den dominant-rezessiven Erbgang zur Fellfarbe von Kaninchen Zeitvorgabe und Verteilen der Arbeitsblätter, Raum für Verständnisfragen	EA/PA	Arbeitsblatt
Präsentation	Übertragung der Arbeitsergebnisse nach gruppenteiligem Austausch auf eine gemeinsame Folie je Tischgruppe → Vorstellung einer Folie nach Zufallsselektion vor der Klasse, Raum für Rückfragen oder Berichtigungen / Ergänzungen	GA SV	Transparentfolie OHP
Sicherung	SuS vergleichen die präsentierten Ergebnisse mit ihren eigenen Aufzeichnungen und überprüfen diese auf Korrektheit.	EA	
Hausaufgabe	Hinweis auf die Hausaufgabenstellung auf dem Arbeitsblatt	PL (UG)	Arbeitsblatt
Eventualphase	Im Falle einer frühzeitigen Beendigung der Sicherungsphase kann bereits mit der Bearbeitung der HA begonnen werden.	EA	Biologiebuch

Verwendete Abkürzungen bei den Sozialformen: EA = Einzelarbeit, GA = Gruppenarbeit, PL = Plenum, SV = Schülervortrag, UG = Unterrichtsgespräch

9. Didaktisch-methodische Begründungen

Um bei den SuS eine Reaktivierung des Vorwissens und einen schnellen Einstieg in die Thematik der Unterrichtsstunde zu bewirken, wird bereits in der **Einstiegsphase** als Eröffnungsimpuls eine PowerPoint-Folie mit dem ersten Kreuzungsversuch zweier Erbsensorten gezeigt, den MENDEL im Jahre 1856 durchführte, und die den SuS bereits aus der Vorstunde bekannt ist. Die Folie bildet das Endergebnis der Erarbeitungen aus der vorangegangenen Unterrichtsstunde ab. Ein Schüler bzw. eine Schülerin soll anhand der Folie kurz resümierend MENDELS Vorgehensweise bei seinem Kreuzungsexperiment unter Bezugnahme auf die dargestellten Vorgänge und Begrifflichkeiten für die Klasse wiederholen. Daran anschließend wird die logische Fortsetzung des Kreuzungsversuchs abgeleitet, die im Sinne des „Problemorientierten Lernens"[4] zur Formulierung der zentralen **Fragestellung** der Stunde hinführt. Dies erscheint zum einen aus psychologischer Sicht sinnvoll, da eigene Fragen von Grund auf verstanden sind und i.d.R. motivierter bearbeitet werden als vom Lehrer vorgegebene Fragestellungen. Zum anderen soll damit die wichtige Kompetenz, selbst Fragen an einen Gegenstand bzw. eine Situation zu stellen, weiter gefördert werden.[5] Die Beiträge der SuS werden dabei für die spätere Erarbeitung und Überprüfung im Sinne eines kontinuierlichen, aufbauenden Stundenverlaufs an der Tafel fixiert.

Auf der Basis ihres bisherigen Wissens über den dominant-rezessiven Erbgang formulieren die SuS in der nächsten Phase sinnvolle und situationsbezogene **Hypothesen** zu möglichen Farbvarianten der F_2-Generation. Neben diesen aktiven problemorientierten Überlegungen zu einem durch den Kreuzungsansatz dargestellten spezifischen naturwissenschaftlichen Sachverhalt werden die Lernenden somit explizit auf die sich anschließende Erarbeitungsphase vorbereitet. Die formulierten Hypothesen werden ebenfalls an der Tafel fixiert, um einerseits den Verlaufsprozess transparent zu halten und andererseits eine abschließende Beurteilung derselben nach der Zwischensicherung zu ermöglichen.[6]

Die aktive Auseinandersetzung mit der Problemfrage evoziert erfahrungsgemäß eine gesteigerte intrinsische Motivation,[7] um sich in der **Erarbeitungsphase I** weitergehend mit dem Kreuzungsansatz und dessen Verlauf sowie der in Frage kommenden Kreuzungsergebnisse zu beschäftigen. Die SuS arbeiten hier in Partner- bzw. Tischgruppenarbeit, um einen problemorientierten Austausch in überschaubarem Rahmen zu gewährleisten. Das weitere Vorgehen im Kreuzungsschema von der F_1- zur F_2-Generation ist den SuS aus der Vorstunde bekannt (P- zu F_1-Generation) und kann als „Fahrplan" zur Weiterarbeit genutzt werden (vgl. PowerPoint-Folie der Einstiegsphase im Anhang). Die Zeitvorgabe wird den SuS vor Beginn der ersten Erarbeitungsphase mitgeteilt.

In einer sich anschließenden **Zwischensicherung** tragen die SuS schrittweise ihre Erarbeitungen zum Kreuzungsversuch vor, wobei die Sicherung begleitend über eine von der Lehrkraft entwickelte PowerPoint-Präsentation als computergestütztes Medium erfolgt, die im Sinne einer Simulation eingesetzt wird. „Simulation [ist] ein Sammelbegriff für die Darstellung oder Nachbildung eines beliebigen Systems oder Prozesses durch ein anderes System bzw. durch einen andern Prozess; letztere stellen somit das Modell des Originalsystems oder -prozesses dar. [...]Ein didaktischer Vorteil ergibt sich in Verbindung mit den graphischen Möglichkeiten des Computers: Simulationen mit biologischen Inhalten sind in der Regel abstrakt. Am Bildschirm [und über den Beamer] [...] können Verlauf und Ergebnis dynamisch veranschaulicht werden, d. h. die Grafik entsteht Schritt für Schritt vor

---

[4] KILLERMANN et al. 2005, S. 72 f.
[5] Ebd.
[6] Ebd., S. 37.
[7] Ebd., S. 63 f.

den Augen des Benutzers. [...] Abläufe und Konsequenzen auch komplexer biologischer Sachverhalte lassen sich auf diese Weise schülergerecht darstellen."[8] Die Simulation folgt im Sinne des „E-Learnings" mit Neuen Medien den Eigenschaften der Interaktivität und Individualisierung, sie ist somit sowohl auf die individuellen Bedürfnisse des Anwenders abgestimmt als auch auf das spezifische Anspruchsniveau der Lernenden gebracht.[9] „Über die Notwendigkeit des Einsatzes von Medien im Biologieunterricht herrscht allgemeiner Konsens." In der Bundesrepublik gibt es zahlreiche Untersuchungen, die dies belegen.[10]

Auf Basis des vervollständigten Erbgangs erfolgt der **Rückbezug** auf die eingangs aufgestellten Hypothesen und daran anknüpfend deren Verifizierung bzw. Falsifizierung, soweit dies im Rahmen der gesammelten Erkenntnisse möglich erscheint.

In der sich anschließenden **Erarbeitungsphase II** sollen die gesicherten Erkenntnisse nun ganzheitlich auf einen dominant-rezessiven Erbgang des Kaninchens übertragen werden, wobei das ebenfalls sichtbare Merkmal „Fellfarbe" von der P- über die F_1- bis hin zur F_2-Generation untersucht wird. Die SuS arbeiten hier mit Arbeitsblättern, auf denen sie die entsprechenden Genotypen und Phänotypen vermerken sollen. Für die abschließende **Präsentation** erfolgen ein kurzer Austausch innerhalb der Tischgruppen, eine Übertragung der Ergebnisse durch jede Lerngruppe auf Transparentfolie sowie die Auswahl eines Gruppensprechers. Per Zufallsselektion wird schließlich eine Gruppe ausgewählt, deren Sprecher der Klasse ihr Gruppenergebnis präsentiert, wobei neben den korrekten Inskriptionen insbesondere auch auf treffende Verwendung von Fachsprache geachtet werden soll.[11] Anmerkungen und Ergänzungen durch das Plenum sind nach den Präsentationen ergänzend möglich. Da in diesem Erarbeitungsschritt alle Gruppen zu einem eindeutigen Kreuzungsergebnis kommen müssen, erscheint ein wiederholtes Vortragen der übrigen Arbeitsergebnisse als nicht sinnvoll. Die **Sicherung** erfolgt an dieser Stelle hinreichend durch den unikalen Vortrag im Plenum.

Die **Hausaufgabe** wird den SuS bereits auf dem in der Stunde ausgehändigten Arbeitsblatt gestellt, somit können besonders schnelle Lerner sich bereits vorausblickend mit diesen Aufgaben beschäftigen. Die zweigeteilte Aufgabenstellung umfasst eine Verortung und Erklärung der essentiellen Begriffe des „Geno-" und „Phänotyps" am vorliegenden dominant-rezessiven Erbgangs des Kaninchens und eine Rechercheaufgabe zur Formulierung und anschließenden Verdeutlichung der 2. MENDEL'schen Regel an selbigem Kreuzungsversuch.

Die gesamte Unterrichtsstunde folgt dem „Prinzip des Exemplarischen", indem eine Konzentration des Unterrichts auf wenige, aber besonders bedeutsame Beispiele (die *Exempla*) erfolgt, an denen sich grundlegende Erfahrungen und Einsichten gewinnen lassen. Es kann demnach als stoffliches Auswahlprinzip gesehen werden, was in seinem Grundgedanken dem genetischen Lernen folgt.[12] Somit können MENDELS Kreuzungsversuche mit unterschiedlichen Erbsensorten „beispielhaft und stellvertretend für zahlreiche gleiche oder ähnliche Fälle"[13] gesehen werden, da hier „Allgemeingültiges zur Geltung"[14] gebracht wird und im nächsten Schritt von den Lernenden problemlos auf andere Organismen, hier die Kaninchen, übertragen werden kann. Neben den genannten Vorzügen wird für die SuS durch die gewählten Modellorganismen ein lebensnaher Alltagsbezug evoziert.

---

[8] KILLERMANN et al. 2005, S. 184 f.
[9] Ebd., S. 182.
[10] SCHMID UND KILLERMANN 1984, S. 114-116.
[11] KILLERMANN et al. 2005, S. 37.
[12] KILLERMANN et al. 2005, S. 44.
[13] Ebd.
[14] Ebd.

10. Geplante „Tafelbilder" und Materialien

Der dominant-rezessive Erbgang von der F_1- bis zur F_2-Generation

Fragestellungen

- Welche Farben ergeben sich bei den Erbsen der F_2-Generation (2. Tochtergeneration)?

oder

- Wie sehen die Erbsen aus, die sich aus der weitergehenden Kreuzung ergeben?

oder

- Was kann man über das Aussehen der nächsten Tochtergeneration vermuten?

Hypothesen

- Die Erbsen sehen in der F_2-Generation sowohl gelb als auch grün aus.
- In der F_2-Generation gibt es wieder nur gelbe Erbsen.
- Es existieren in der F_2-Generation nur noch grüne Erbsen.
- Es treten beide Farben in unterschiedlichem Zahlenverhältnis auf.

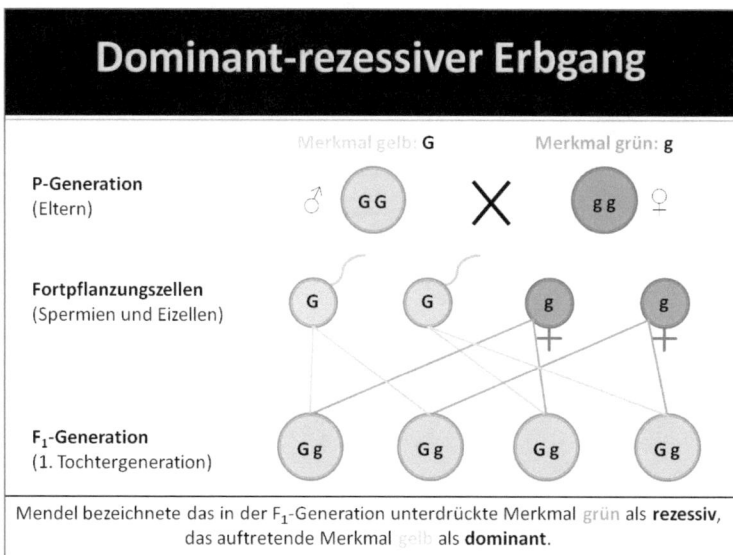

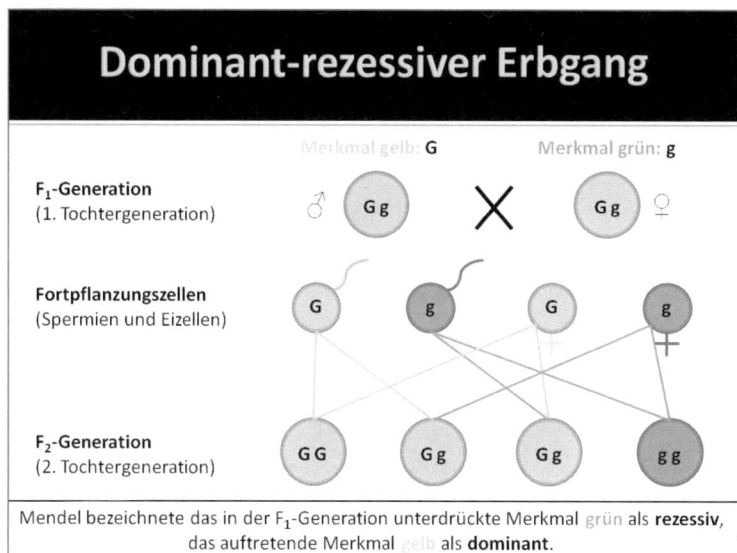

Der dominant-rezessive Erbgang beim Kaninchen

Kreuzt man zwei **reinerbige** Kaninchen miteinander, so setzt sich genau wie bei den „Mendel-Erbsen" jeweils eine Zustandsform des Merkmals „Farbe" gegenüber der anderen durch. JOHANN GREGOR MENDEL bezeichnete das unterdrückte Merkmal als **rezessiv**, das auftretende Merkmal als **dominant**. Beim Merkmal „Farbe" ist die Zustandsform „schwarz" **(A)** dominant und „weiß" **(a)** rezessiv.

1. Arbeitsauftrag

Führe den nachfolgenden Kreuzungsversuch durch, indem du
- die fehlenden Buchstaben für die P-, F$_1$- und F$_2$-Generation sowie die Fortpflanzungszellen ergänzt,
- die Kaninchen in der richtigen Farbe ausmalst.

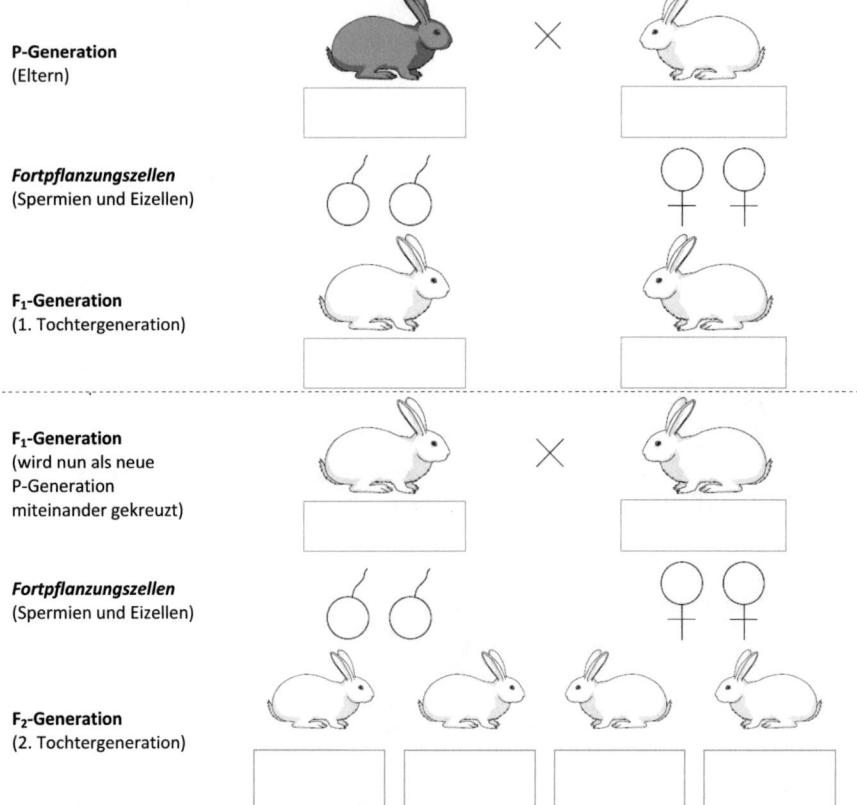

P-Generation
(Eltern)

Fortpflanzungszellen
(Spermien und Eizellen)

F$_1$-Generation
(1. Tochtergeneration)

F$_1$-Generation
(wird nun als neue
P-Generation
miteinander gekreuzt)

Fortpflanzungszellen
(Spermien und Eizellen)

F$_2$-Generation
(2. Tochtergeneration)

Hausaufgabe:

1. Erkläre an dem oben durchgeführten Kaninchen-Kreuzungsversuch schriftlich die Begriffe „Genotyp" und „Phänotyp". Du kannst das Bio-Buch auf S. 132 dafür nutzen oder im Internet recherchieren.
2. Recherchiere und notiere die 2. MENDEL'sche Regel. Erläutere sie am Beispiel des Kaninchenversuchs.

---

[15] Abbildungen entnommen aus: KLAWITTER 2009, S. 6-9.

Der dominant-rezessive Erbgang beim Kaninchen

Merkmal „Farbe"
„schwarz" (**A**) dominant
„weiß" (**a**) rezessiv

P-Generation
(Eltern)

Fortpflanzungszellen
(Spermien und Eizellen)

F_1-Generation
(1. Tochtergeneration)

F_1-Generation
(wird nun als neue
P-Generation
miteinander gekreuzt)

Fortpflanzungszellen
(Spermien und Eizellen)

F_2-Generation
(2. Tochtergeneration)

---

[16] Abbildungen entnommen aus: KLAWITTER 2009, S. 6-9.

11. Quellen

Literatur

HESSISCHES KULTUSMINISTERIUM (Hg.): Bildungsstandards und Inhaltsfelder. Das neue Kerncurriculum für Hessen. Sekundarstufe I – Realschule. Biologie. Wiesbaden 2011.

KILLERMANN, W., P. Hiering und B. Starosta: Biologieunterricht heute. Eine moderne Fachdidaktik. 11. überarbeitete und aktualisierte Neuauflage. Donauwörth 2005.

KLAWITTER, E. und S. Kluge: Arbeitsblätter Biologie. Genetik. Stuttgart 2009.

SCHMID, B. und W. Killermann: Empirische Untersuchungen zu Unterrichtsverfahren des Faches Biologie, speziell zum Medieneinsatz. In: Hedewig, R. und L. Staeck (Hg.): Sprache und Verstehen im Biologieunterricht. Köln 1984.

SPÖRHASE-EICHMANN, U. (Hg.): Interaktiv Biologie 7-10 Hessen. Berlin 2009.

PowerPoint-Präsentation (Simulation)

KROTZKY, Mirko: Vererbungslehre: Gregor Mendel. Kreuzungsschema. (Eigenproduktion; zum Download verfügbar unter http://www.verlag20.de/unterrichtsmaterial/8273-gregor-mendel-vererbungsregeln-kreuzungsschema-und-kombinationsquadrat)

Abbildungsverzeichnis

http://www.garten-literatur.de/Grafiken/Mendel_Gregor_wikipedia.jpg (Stand: 10.03.2015)